Thea Roß & Axel Schulz

Das kleine Saurier-Bestimmungsbuch

COPPENRATH

Vor langer, langer Zeit

Die Dinosaurier haben im Erdmittelalter gelebt, im Mesozoikum. Das begann vor 248 Millionen Jahren und endete vor 65 Millionen Jahren. Das Erdmittelalter wird in drei Perioden unterteilt: die Trias, der Jura, die Kreide (oder „Kreidezeit"). Diese unterteilen wir jeweils noch mal in eine untere (frühe) und eine obere (späte) Phase. Die Dinosaurier erschienen in der Obertrias und starben am Ende der Oberkreide aus.

Ein bisschen Ordnung

Bei den Dinosauriern unterscheidet man zwei Gruppen nach der Struktur ihrer Beckenknochen als Saurischier (= Echsenbecken-Dinosaurier) und Ornithischier (= Vogelbecken-Dinosaurier).

Saurischier: Deren Beckenknochen sind etwa wie bei den Reptilien angeordnet. Zu den Echsenbecken-Dinosauriern zählen z.B. die Theropoden (Raubtierfuß-Dinosaurier) und die Sauropoden (Elefantenfuß-Dinosaurier).

Ornithischier: Deren Beckenknochen sind etwa wie bei den heutigen Vögeln angeordnet. Die Ornithischier waren alle Pflanzenfresser.

Ihre Größe war ihr Vorteil

Dinosaurier waren Reptilien und Reptilien sind Tiere, deren Körpertemperatur abhängig ist von der Außentemperatur. Darum hielt man Dinosaurier lange für träge, unbeweglich, langsam, ja für primitiv. Wie konnten sie nur die Erde für fast 160 Millionen Jahre beherrschen? Es lag an ihrer Körpergröße. Man hat festgestellt, dass Tiere mit einem großen Körperumfang Wärme viel langsamer abgeben als Tiere mit einem kleinen Körper. Darüber hinaus kam den Dinosauriern das Klima des Erdmittelalters entgegen. Es war viel wärmer als heute und die Temperaturen schwankten auch nicht so stark.

Die Symbole neben den Sauriern auf den nächsten Seiten zeigen dir, wie groß die Tiere im Vergleich zum Menschen waren. Hier siehst du zwei Beispiele: Der Saurier auf dem oberen Bild ist viel größer als der Mensch, der Saurier auf dem unteren Bild ist viel kleiner: Er reicht dem Menschen nur bis zum Knie.

Und warum starben sie aus?

Heute ist man grundsätzlich überzeugt, dass Veränderungen des Weltklimas und der Umwelt dafür verantwortlich waren. Wie aber ist es zu diesen Veränderungen am Ende der Kreidezeit gekommen? Die Wissenschaftler konzentrieren sich auf zwei unterschiedliche Annahmen. Nach der einen war eine globale Katastrophe, ausgelöst durch den Sturz eines gewaltigen Himmelskörpers auf die Erde, verantwortlich für das Verschwinden der Saurier. Nach der anderen begannen die Temperaturen stark zu schwanken, sodass das Klima für die Saurier unverträglicher wurde und umso geeigneter für die Säugetiere. Es macht Sinn, anzunehmen, dass beide Theorien stimmen, dass also ein Meteorit auf die Erde stürzte, als diese dabei war, sich massiv zu wandeln.

Die Farben der Saurier

Weil sich Farbpigmente in Versteinerungen nicht erhalten, entspringen die Farben der Saurier in den heutigen Darstellungen der Fantasie der Illustratoren.

Abkürzungen und Symbole

Der Saurier war ein Fleischfresser.

Der Saurier war ein Pflanzenfresser.

MT = Mittlere Trias (Beginn vor 241 Mio. Jahren)
OT = Obertrias (Beginn vor etwa 235 Mio. Jahren)
UJ = Unterjura (Beginn vor etwa 208 Mio. Jahren)
OJ = Oberjura (Beginn vor etwa 157 Mio. Jahren)
UK = Unterkreide (Beginn vor etwa 145 Mio. Jahren)
OK = Oberkreide (Beginn vor etwa 97 Mio. Jahren)

Am Ende jedes kleinen Abschnittes findest du eine „Bestimmungszeile“. Sie sagt, zu welcher Art der Saurier gehört, ob er ein Pflanzen- oder ein Fleischfresser war, in welcher Zeit er gelebt hat und wo seine Fossilien gefunden wurden. Die Angabe des Fundortes entspricht der heutigen Zeit, denn die angegebenen Kontinente und Länder gab es im Erdmittelalter ja noch nicht. Beispiel Compsognathus. Da steht: Saurischier, Theropode, Coelurosaurier. Verbreitung: **OJ**, Europa. Das heißt: Compsognathus war ein Echsenbeckensaurier. Er zählt zu den Raubtierfuß-Dinosauriern, und zwar zu deren Unterordnung, den Hohlknochen-Dinosauriern. Er war Fleischfresser und lebte im späten Jura, da, wo heute Europa ist.

Coelophysis: Ein kleiner (3 m lang) und einer der frühesten Dinosaurier. Lebte vor etwa 220 Millionen Jahren. Schneller, auf zwei Beinen laufender, gefährlicher Räuber, der in Rudeln jagte. Schlanker Körper. Sehr leichtes Tier; Knochen teilweise hohl, weshalb er zu den Coelurosauriern, den Hohlknochen-Dinosauriern gehört. – Saurischier, Theropode, Coelurosaurier, Verbreitung: **OT,** Nordamerika.

Triceratops: Großer Horndinosaurier (über 9 m lang). Der Name bedeutet „Dreihorngesicht". Die Stirnhörner dienten außer zur Verteidigung gegen Raubsaurier vermutlich auch zu Kämpfen unter Artgenossen um die Rangordnung. Der Kragen war ein solider knöcherner Abwehrschild (ohne Öffnungen wie bei Protoceratops). Lebte in großen Herden. – Ornithischier, Ceratopsier (= Horndinosaurier). Verbreitung: **OK,** Nordamerika.

Allosaurus: Sehr großer Raubsaurier (bis zu 13,5 m lang). Wog bis zu 2 t. Gewaltiger Kiefer mit langen messerscharfen Zähnen. Konnte auch größere Tiere seiner Zeit angreifen. Er jagte in Rudeln. – Saurischier, Theropode, Carnosaurier (= Fleischsaurier).
Verbreitung: **OJ-UK,** Nordamerika, Afrika (Tansania), Europa (Portugal), Australien.

Apatosaurus (früher „Brontosaurus"): Bis zu 21 m lang und über 10 m hoch. Mit seinen Zähnen rupfte er Blätter und Nadeln von den Bäumen und verschlang sie unzerkaut. Vorderbeine kürzer als Hinterbeine (vergleiche mit den Brachiosauriern). Apatosaurus gehört in die Gruppe der Diplodociden (s. S. 12). – Saurischier, Sauropode. Verbreitung: **OJ**, Nordamerika.

Ichthyosaurus: „Fischechse" bedeutet der Name übersetzt. Meeresreptilien, die den heutigen Delfinen ähnlich sahen. 2 m lang. Krokodilartiges Gebiss. Ernährten sich hauptsächlich von Fischen und Tintenfischen. Atmeten mit Lungen und brachten ihre Jungen lebend zur Welt. Es gab viele Arten; der Name „Ichthyosaurier" bezeichnet also auch eine ganze Gruppe von Meeressauriern mit ähnlichem Körperbau. – Ichthyosaurier. Verbreitung: **MT**, weltweit.

Stegosaurus: Dieser berühmte Ornithischier lebte vor 150 Millionen Jahren. Bis 9 m lang, so hoch wie ein Elefant. Lange Hinter-, kurze Vorderbeine. 2 Paare Stacheln (bis zu 1 m lang) am Schwanzende dienten zur Verteidigung. Die großen Platten regulierten wahrscheinlich die Körpertemperatur. Es gab weltweit verschiedene Arten von Stegosauriern. – Ornithischier, Stegosaurier. Verbreitung: **OJ**, Nordamerika. Andere in China, Afrika und Europa.

Diplodocus: Der längste Dinosaurier (27 m). Wog etwa 10 t. Den größten Teil seiner Gesamtlänge machten Hals (etwa 7 m) und Schwanz (etwa 14 m) aus. Der Name „Diplodociden" bezeichnet eine ganze Gruppe von Dinosauriern mit ähnlichem Körperbau. Zog auf Futtersuche in Herden über die Erde. – Saurischier, Sauropode. Verbreitung: **OJ**, Nordamerika.

Heterodontosaurus: Kleiner, zweibeinig laufender, leichter und agiler Vogelbeckensaurier. 90 cm lang. Zählt zu den Ornithopoden, den Vogelfuß-Dinosauriern. Er hatte unterschiedliche Zähne: Hauer (Eckzähne), Mahl-, Schneidezähne (im Oberkiefer vorne) und eine Hornleiste (im Unterkiefer vorne). Er kaute und zermalmte seine Pflanzennahrung. – Ornithischier, Ornithopode (= Vogelfuß-Dinosaurier). Verbreitung: **UJ**, Südafrika.

Brachiosaurus: Größtes bisher vollständig gefundenes Skelett eines Landtieres. 23 m lang, 13 m hoch. Wog bis zu 80 t. Vorderbeine länger als Hinterbeine (ähnlich den Giraffen, vergleiche mit Apatosaurus). Schwanz kürzer als bei anderen Sauropoden. Große Nasenöffnungen auf dem Kopf vor den Augen. Zähne zum Abrupfen von Blättern. Der Name „Brachiosaurier“ bezeichnet auch die ganze Gruppe der allergrößten Dinosaurier. – Saurischier, Sauropode. Verbreitung: **OJ**, Nordamerika, Afrika.

Compsognathus: Geradezu zierlicher Hohlknochen-Dinosaurier (80 cm lang). Ein schneller, zweibeinig laufender Raubsaurier, wendiger, leicht gebauter Jäger, der sich von kleinen Eidechsen und wahrscheinlich auch von Insekten ernährte. Theropoden wie Compsognathus waren vermutlich Vorfahren der heutigen Vögel. – Saurischier, Theropode, Coelurosaurier. Verbreitung: **OJ**, Europa.

Amargasaurus: Ein außergewöhnlicher Saurischier aus Argentinien. Verhältnismäßig kleiner Sauropode: kürzerer Hals, größerer Kopf. Etwa 9 m lang, 3 m hoch. Er ist außergewöhnlich, weil er eine Art muskulösen Rückenkamm gehabt haben dürfte. – Saurischier, Sauropode. Verbreitung: **UK,** Argentinien (Patagonien).

Yangchuanosaurus: Großer Raubsaurier (bis zu 10 m lang, Länge des Kopfes 1 m). In Körperbau große Ähnlichkeit mit Allosaurus, zu dessen Verwandten er gehört. Auffällig ist eine Art unregelmäßig gezackter Kamm oberhalb des Mauls von den Nasenlöchern bis zu den Augen. Man nennt ihn auch „Szechuanosaurus“ nach der Provinz in China, wo er gefunden wurde. – Saurischier, Theropode, Carnosaurier Verbreitung: **OJ**, China.

Deinonychus: Kleiner bis mittelgroßer Raubsaurier (3 – 4 m lang, 2 m hoch). Ungewöhnlich lange Arme mit dreifingriger Hand. Besonders auffallend war die große sichelförmige Kralle an jedem Fuß, die er als mörderische Waffe einsetzte („Deinonychus“ bedeutet „schreckliche Kralle“). Jagte wahrscheinlich in Rudeln, was auf eine gewisse Intelligenz schließen lässt. – Saurischier, Theropode, Coelurosaurier. Verbreitung: **UK,** Nordamerika.

Euoplocephalus: Großer Panzer-Dinosaurier (bis zu 7 m lang, 2 m hoch). Die Oberseite seines Kopfes, Körpers und Schwanzes war zum Schutz gegen die Raubsaurier seiner Zeit durch Knochenplatten gepanzert. Die keulenförmige Verdickung am Ende des Schwanzes war eine wirksame Verteidigungswaffe. Der Saurier war trotz seines Gewichts und seiner Panzerung recht schnell und beweglich. – Ornithischier, Ankylosaurier (= Panzerdinosaurier). Verbreitung: **OK,** Nordamerika.

Hypsilophodon: Ein sehr beweglicher, kleiner Vogelfuß-Dinosaurier (höchstens 2 m lang). Zahnloser Hornschnabel am Unterkiefer vorne; am Oberkiefer vorne Schneidezähne. Wegen seiner langen Finger und Zehen glaubte man erst fälschlicherweise, dass er ein Kletterer und Baumbewohner sei. Lebte in Herden. – Ornithischier, Ornithopode.

Verbreitung: **UK,** Europa, Nordamerika.

Iguanodon: Großer, schwerer Vogelfuß-Dinosaurier: 9 m lang, 5 m hoch, 4,5 t schwer. Ungewöhnliche Hände: Die drei mittleren Finger endeten hufförmig (zum Laufen), der fünfte sehr lang (zum Greifen), der erste (Daumen) war eine dolchartige Verteidigungswaffe. Lebte in Herden. – Ornithischier, Ornithopode. Verbreitung: **UK,** Europa, Asien, Nordamerika, Afrika.

Lambeosaurus: Entenschnabelsaurier (bis zu 15 m lang und 6 m hoch) mit hohlem Schädelauswuchs oder „Kamm“ und einem vom Hinterkopf abstehenden festen Knochenzapfen. Lebte in Herden in der Nähe von Gewässern. Der Knochenkamm diente wahrscheinlich zum Erzeugen von Rufen bei der Paarung, zur Erkennung, zur Warnung. – Ornithischier, Ornithopode, Hadrosaurier (= Entenschnabel-Dinosaurier). Verbreitung: **OK,** Nordamerika.

Maiasaura: Hadrosaurier ohne „Kamm" (9 m lang). Berühmt, weil man von ihm ein ganzes Nest mit Eiern und Jungen fand. Körperbau ähnlich dem anderer Entenschnabel-Dinosaurier. Lebte in großen Herden. Legte Eier in selbst angelegte, kraterförmige Erdlöcher mit hohen Rändern. Große Nistkolonien. Betrieb Brutpflege. – Ornithischier, Ornithopode, Hadrosaurier. Verbreitung: **OK,** Nordamerika.

Pachycephalosaurus: Großer Vogelbeckensaurier (8 m lang). Sehr großer Kopf, beherrscht durch die extrem hohe Stirn, die aus soliden dicken Knochen bestand. Massives Schädeldach. Lebte in Herden. Wahrscheinlich führten sie Kämpfe durch, bei denen sie mit den Köpfen gegeneinander stießen. Der Name „Pachycephalosaurier“ (= dickschädelige Reptilien) bezeichnet auch eine ganze Gruppe von Dinosauriern von ähnlicher Art. – Ornithischier, Pachycephalosaurier. Verbreitung: **OK,** Nordamerika.

Parasaurolophus: Großer Entenschnabelsaurier (etwa 10 m lang und aufgerichtet 6 m hoch). Trug einen langen, röhrenförmigen Schädelauswuchs (über 1 m lang). Lebte in Herden in der Nähe von Gewässern. Der hohle Schädelauswuchs diente möglicherweise dazu, besondere Laute auszustoßen. – Ornithischier, Ornithopode, Hadrosaurier.
Verbreitung: **OK,** Nordamerika.

Protoceratops: Bis 2,70 m langer Horndinosaurier (= Ceratopsier), allerdings ohne Horn (der Name bedeutet „Erstes Horngesicht“). Großer Knochenkragen, der den Nacken schützte. Lebte in der Herde. Man fand komplette Nester und Nistkolonien mit Eiern und Jungtieren in allen Altersstufen. Lief nicht allzu schnell auf vier starken Beinen. – Ornithischier, Ceratopsier. Verbreitung: **OK,** Asien (Mongolei, China).

Plotosaurus: Riesiger Meeressaurier (10 m lang). Gefährlicher Räuber, schneller und wendiger Schwimmer. Plotosaurus hatte eine schuppige Haut, ähnlich den heutigen Schlangen. Er zählt zu den Mosasauriern, den „Maasechsen“, die so heißen, weil das erste Exemplar bei Maastricht in Holland gefunden wurde. Verwandt mit den heute lebenden Waranen. – Mosasaurier. Verbreitung: **OK,** Nordamerika, Europa.

Struthiomimus: 3,5 m großer Theropode und Hohlknochen-Dinosaurier. Sein Name bedeutet „Straußnachahmer", denn er erinnert sehr an einen heute lebenden Strauß (ohne Federn und mit langem Reptilschwanz). Zahnloser Schnabel, langer Hals, sehr lange Beine. Ein schneller, zweibeiniger Läufer. Er war wahrscheinlich ein Allesfresser. – Saurischier, Theropode, Coelurosaurier. Verbreitung: **OK,** Nordamerika.

Pteranodon: Großer Flugsaurier (bis zu 7 m Spannweite). Hautflügel gespannt zwischen Körper, Arm und viertem Finger, der extrem verlängert war. Zahnloser Schnabel; Kehlsack zum Aufbewahren von Fischen wie ein Pelikan. Lebte in großen Gruppen am Meer. Der lange Knochenkamm diente wahrscheinlich dazu, den Kopf im Gleichgewicht zu halten (wenn der Kehlsack voll war oder die Beute besonders groß). – Pterosaurier (= Flugsaurier). Verbreitung: **OK,** Europa, Nordamerika.

Quetzalcoatlus: Bislang größter bekannter Flugsaurier (12 m Spannweite). Hautflügel gespannt zwischen Körper, Arm und viertem Finger, der extrem verlängert war. Wie Pteranodon kurze Beine, sehr kurzer Schwanz. Auf dem Boden wird er sehr unbeholfen gewesen sein. Wahrscheinlich ein mäßiger Flieger, aber ein hervorragender Segler. – Pterosaurier.
Verbreitung: **OK,** Nordamerika.